La nuit

Texte de Stéphanie Ledu
Illustrations de Robert Barborini

MiLAN

Autrefois, les hommes ne savaient pas pourquoi
la nuit venait. Les Grecs croyaient qu'un personnage
jetait chaque soir sur le monde un voile noir,
du haut de son char tiré par 4 chevaux.

Maintenant, on le sait : la Terre tourne sur elle-même. Du côté tourné vers le Soleil, il fait jour.

Du côté à l'ombre, il fait nuit. Au moment où tu t'endors, pour d'autres enfants du monde, il est l'heure de se lever !

Au temps où l'on n'avait que le feu et les bougies pour s'éclairer, la nuit en ville était sombre... Un **veilleur** passait dans les rues et criait : « Dormez, bonnes gens, tout va bien ! »

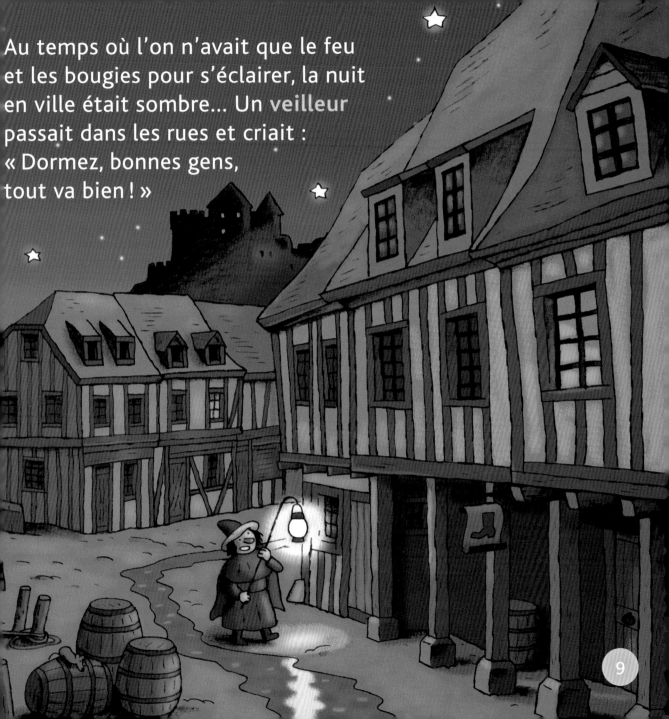

9

Aujourd'hui, la nuit, rien ne s'arrête. Les trains et les avions continuent de transporter des voyageurs. Dans les grandes villes, il y a toujours de la lumière et du bruit.

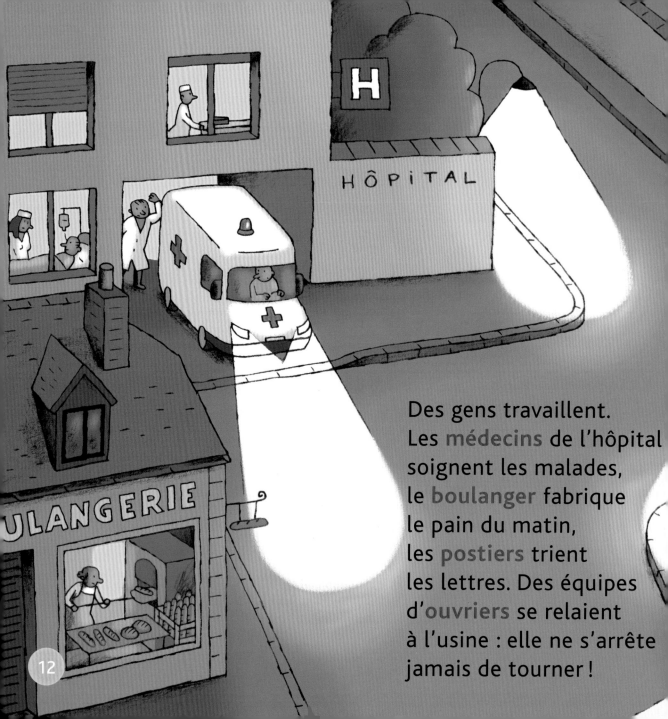

Des gens travaillent.
Les **médecins** de l'hôpital
soignent les malades,
le **boulanger** fabrique
le pain du matin,
les **postiers** trient
les lettres. Des équipes
d'**ouvriers** se relaient
à l'usine : elle ne s'arrête
jamais de tourner !

LA POSTE

13

Dans la campagne,
tout paraît plus calme.

Des fleurs, comme
les pissenlits ou
les belles-de-jour,
se ferment pour échapper à la fraîcheur
de la nuit. Les tournesols baissent la tête...
Beaucoup d'animaux dorment.

15

D'autres animaux attendent le soir pour sortir
de leur cachette et chercher à manger :
le hérisson, le blaireau, le renard, le sanglier...

Les **chauves-souris** gobent des insectes.
Elles se repèrent grâce à leur **radar**, sans jamais se cogner.

17

La nuit, les choses paraissent plus grandes.
On ne les reconnaît pas vraiment, leurs ombres
sont étranges... Parfois, on a un peu peur !

19

Les hommes ne voient pas bien dans le noir.
Les chouettes, elles, ont de gros yeux ronds, très sensibles.
Les chats aussi. La nuit, ils voient à peu près comme ça !

Il existe des endroits où il fait toujours nuit :
au fond des grottes...

... et au plus profond de la mer,
la lumière n'arrive jamais.

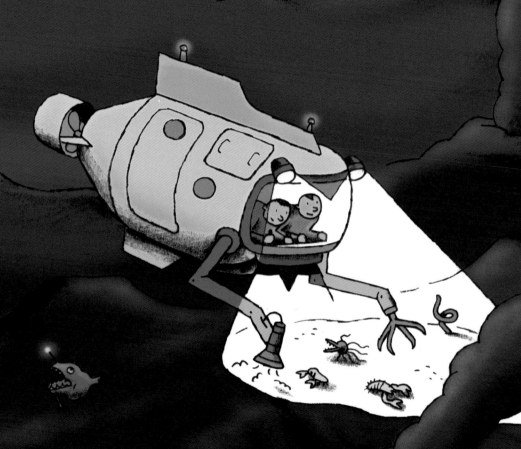

Certains petits animaux
qui vivent là n'ont pas d'yeux !

Les **étoiles** brillent dans le ciel. Ce sont des soleils très éloignés de nous. La **Lune** est beaucoup plus proche. Ce soir, c'est **pleine lune** : la nuit est claire...

Les nuits sont plus ou moins longues. Cela dépend de la saison et du pays où l'on se trouve.

Si tu habitais près du pôle Nord, tu vivrais la nuit polaire.
Elle dure tout l'hiver. Quand le soleil revient,
les enfants font une grande fête !

Le jour, tu fais mille choses.
La nuit, il faut reprendre des forces.
Dormir, c'est agréable...
C'est aussi pendant le sommeil
que les enfants grandissent.
Alors... bonne nuit !

Découvre tous les titres de la collection

Mes P'tits DOCS

À table
Au bureau
Le bébé
Le bricolage
Les camions
Les dents
Les dinosaures

L'école maternelle
L'espace
La ferme
La fête foraine
Le football
Le handicap
L'hôpital